2021年
四川省生态环境
质量状况

四川省生态环境厅 / 编

四川大学出版社
SICHUAN UNIVERSITY PRESS

图书在版编目（CIP）数据

2021 年四川省生态环境质量状况 / 四川省生态环境
厅编 . — 成都 ：四川大学出版社，2023.1
　　ISBN 978-7-5690-5817-8

　　Ⅰ . ① 2… Ⅱ . ①四… Ⅲ . ①生态环境－环境质量评
价－研究－四川－ 2021 Ⅳ . ① X821.271

　　中国版本图书馆 CIP 数据核字（2022）第 225168 号

书　　名：2021 年四川省生态环境质量状况
　　　　　2021 Nian Sichuan Sheng Shengtai Huanjing Zhiliang Zhuangkuang
编　　者：四川省生态环境厅

选题策划：毕　潜　王　睿
责任编辑：毕　潜　王　睿
责任校对：胡晓燕
装帧设计：墨创文化
责任印制：王　炜

出版发行：四川大学出版社有限责任公司
　　　　　地址：成都市一环路南一段 24 号（610065）
　　　　　电话：（028）85408311（发行部）、85400276（总编室）
　　　　　电子邮箱：scupress@vip.163.com
　　　　　网址：https://press.scu.edu.cn
审 图 号：川 S【2023】00030 号
印前制作：成都墨之创文化传播有限公司
印刷装订：成都金阳印务有限责任公司

成品尺寸：210 mm×285 mm
印　　张：3.5
字　　数：117 千字

版　　次：2023 年 6 月 第 1 版
印　　次：2023 年 6 月 第 1 次印刷
定　　价：168.00 元

扫码获取数字资源

四川大学出版社
微信公众号

» 编委会名单

主　任　雷　毅

委　员　方自力　陈　权　史　箴

主　编　方自力　史　箴

副主编　李　纳

编　委　史　箴　李　纳　任朝辉　易　灵　全　利　向秋实

　　　　李贵芝　王晓波　胡　婷　张　巍　蒋　燕　徐　亮

　　　　周　淼　黄　玲　赵萍萍　孙　谦

绘　图　向秋实

◈ 驻市（州）生态环境监测中心站参与编写人员（以行政区划代码为序）

黄　静（四川省成都生态环境监测中心站）　　江　欧（四川省自贡生态环境监测中心站）

杨　玖（四川省攀枝花生态环境监测中心站）　胡丽梅（四川省泸州生态环境监测中心站）

杨　贤（四川省德阳生态环境监测中心站）　　谢惠敏（四川省绵阳生态环境监测中心站）

肖　沙（四川省广元生态环境监测中心站）　　王　媛（四川省遂宁生态环境监测中心站）

丁雪卿（四川省内江生态环境监测中心站）　　赵　颖（四川省乐山生态环境监测中心站）

舒　丽（四川省南充生态环境监测中心站）　　余利军（四川省宜宾生态环境监测中心站）

谭金刚（四川省广安生态环境监测中心站）　　黄　梅（四川省达州生态环境监测中心站）

唐樱殷（四川省巴中生态环境监测中心站）　　周钰人（四川省雅安生态环境监测中心站）

张念华（四川省眉山生态环境监测中心站）　　易　蕾（四川省资阳生态环境监测中心站）

龙瑞凤（四川省阿坝生态环境监测中心站）　　蒋宇超（四川省甘孜生态环境监测中心站）

苏永洁（四川省凉山生态环境监测中心站）

◈ 主编单位

四川省生态环境监测总站

◈ 资料提供单位

各驻市（州）生态环境监测中心站

前 言

QIANYAN

为了向公众提供可读性强、适用性好、通俗易懂的生态环境质量信息，向政府和有关部门提供简单明了的综合分析报告和决策依据，我们编写了《2021年四川省生态环境质量状况》。本书以四川省21个市（州）开展的城市环境空气、大气降水、地表水、城市集中式饮用水水源地、城市声环境、生态环境监测数据为基础，通过科学的分析和评价形成。

本书以简洁的语言、形象生动的图画概括了2021年四川省城市环境空气质量、降水环境质量、地表水环境质量、市（州）政府所在城市和县（市、区）政府所在城镇集中式饮用水水源地水质、城市声环境质量、生态环境质量，还分别展示了21个市（州）的生态环境质量状况。本书基本厘清了2021年四川省生态环境质量状况，是公众了解生态环境质量的有益读本，是生态环境管理和环境科研的有益资料。

本书是集体智慧的结晶，在此我们感谢所有参与监测的人员和单位，感谢四川大学出版社在出版过程中给予的大力支持和帮助。

编 者

2022年6月

目 录

MULU

一、四川省生态环境质量状况

SICHUANSHENG SHENGTAI HUANJING
ZHILIANG ZHUANGKUANG

四川省生态环境质量概况

全省地表水水质总体为优。

十三大流域中，长江（金沙江）、雅砻江、安宁河、赤水河、岷江、大渡河、青衣江、嘉陵江、涪江、渠江、黄河流域水质总体均为优，沱江、琼江水质总体为良好。

全省268个县级及以上城市集中式饮用水水源地取水总量为398570.24万吨，达标水量为398570.24万吨，水质达标率为100%。

全省环境空气质量总体优良天数率为89.5%，其中优占44.5%，良占45.0%；总体污染天数率为10.5%，其中轻度污染为8.9%，中度污染为1.4%，重度污染为0.2%。13个城市达到国家环境空气质量二级标准，空气质量优良。

全省酸雨污染总体持平，5个城市出现过酸雨。

全省21个市（州）政府所在城市区域声环境昼间质量状况总体较好，道路交通声环境昼间质量总体为好。城市各类功能区噪声昼间达标率为96.8%，夜间达标率为83.1%。

全省生态环境状况指数为71.7，生态环境状况类型为"良"，同比上升0.4。全省21个市（州）生态环境状况为"优"的有4个，占全省总面积的21.5%，占市域数量的19.0%；生态环境状况为"良"的有17个，占全省总面积的78.5%，占市域数量的81.0%。

各环境要素质量状况

》水环境质量状况
——河流水质概况

2021年，全省地表水水质总体为优。十三大流域中，长江（金沙江）、雅砻江、安宁河、赤水河、岷江、大渡河、青衣江、嘉陵江、涪江、渠江、黄河流域水质总体均为优，沱江、琼江水质总体为良好。

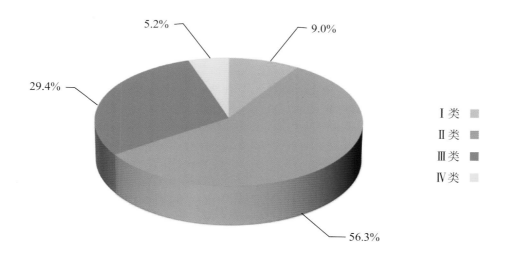

2021年河流水质类别比例

黄 河

金

沙

江

岷

马尔康

康定

雅安

眉山

乐山

江

金

西昌

攀枝花

沙

江

嘉

广元

巴中

绵阳

德阳

陵

南充

达州

成都

遂宁

资阳

内江

江

安

自贡

江

宜宾

泸州

金

长

0 50 100 150 200千米

N

2021年四川省地表水水质状况示意图

水环境质量状况
——长江（金沙江）、雅砻江、安宁河、赤水河流域水质状况

长江（金沙江）流域水质为优。52个国、省控监测断面中，优良（Ⅰ～Ⅲ类）水质断面51个，占98.1%。大陆溪的四明水厂断面水质为轻度污染。

雅砻江流域水质为优。16个国、省控监测断面水质均为优。

安宁河流域水质为优。7个国、省控监测断面水质均为优。

赤水河流域水质为优。4个国、省控监测断面水质均为优良。

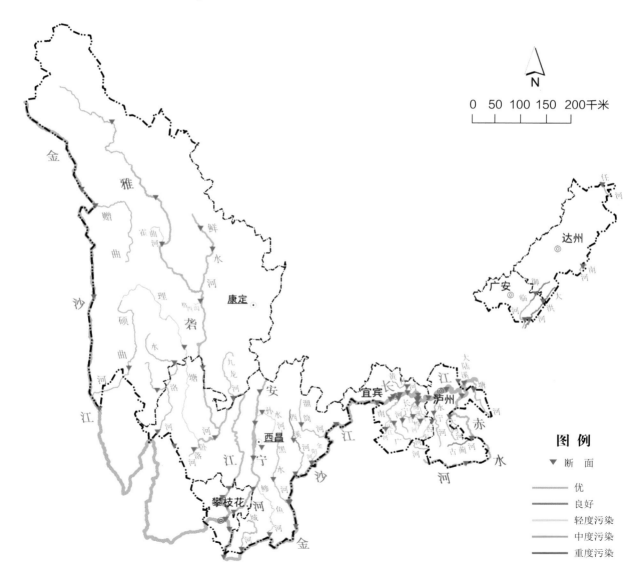

2021年长江（金沙江）、雅砻江、安宁河、赤水河流域水质状况示意图

水环境质量状况
——岷江、大渡河、青衣江流域水质状况

岷江流域水质为优。60个国、省控监测断面中，优良（Ⅰ～Ⅲ类）水质断面57个，占95.0%。

岷江干流水质为优。

岷江支流水质为优，体泉河的体泉河口、茫溪河的茫溪大桥和越溪河的于佳乡黄龙桥断面水质为轻度污染。

大渡河流域水质为优。22个国、省控监测断面水质均为优良。

青衣江流域水质为优。8个国、省控监测断面水质均为优。

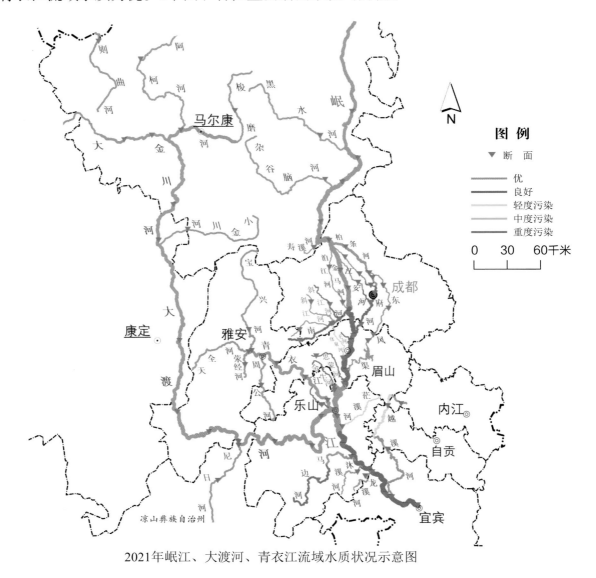

2021年岷江、大渡河、青衣江流域水质状况示意图

» 水环境质量状况
——沱江流域水质状况

沱江流域水质为良好。60个国、省控监测断面中，优良（Ⅰ～Ⅲ类）水质断面53个，占88.3%。

沱江干流水质为优，12个国、省控监测断面水质均为优良。

沱江支流水质为良好，48个国、省控监测断面中，优良（Ⅰ～Ⅲ类）水质断面占85.4%。富顺河的碾子湾村、阳化河的红日河大桥、环溪河的兰家桥、小阳化河的万安桥、小濛溪河的资安桥、釜溪河的双河口、隆昌河的九曲河断面水质为轻度污染。

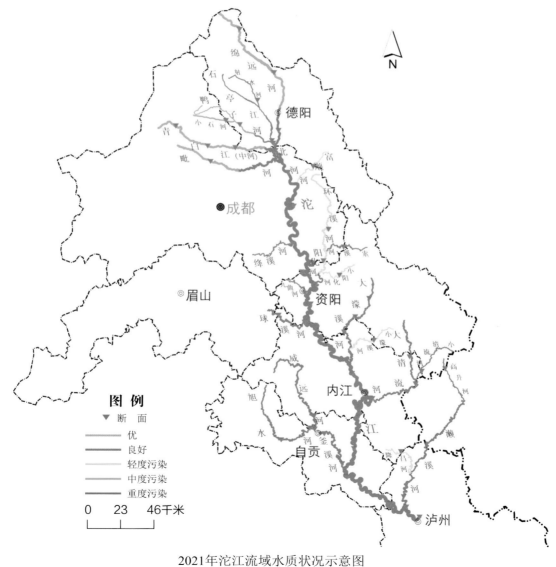

2021年沱江流域水质状况示意图

水环境质量状况
——嘉陵江、渠江、琼江、涪江流域及黄河流域水质状况

嘉陵江流域水质为优。37个国、省控监测断面中，优良（Ⅰ～Ⅲ类）水质断面36个，占97.3%。长滩寺河的郭家坝断面水质为轻度污染。

渠江流域水质为优。37个国、省控监测断面中，优良（Ⅰ～Ⅲ类）水质断面34个，占91.9%。新宁河的大石堡平桥、平滩河的牛角滩、东柳河的墩子河断面水质为轻度污染。

涪江流域水质为优。29个国、省控监测断面中，优良（Ⅰ～Ⅲ类）水质断面27个，占93.1%。芝溪河的涪山坝、坛罐窑河的白鹤桥断面水质为轻度污染。

琼江流域水质为良好。5个国、省控监测断面中，优良（Ⅰ～Ⅲ类）水质断面4个，占80%。姚市河的白沙断面水质为轻度污染。

黄河流域水质为优。6个国、省控断面水质均为优良。

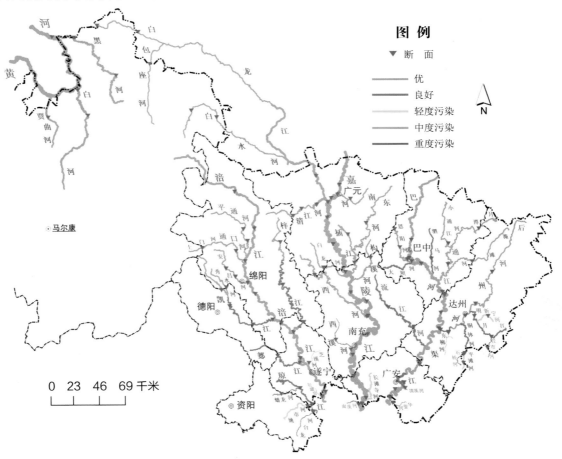

2021年嘉陵江、渠江、琼江、涪江流域及黄河流域水质状况示意图

❯❯ 水环境质量状况
——湖库水质状况

泸沽湖、邛海、二滩水库、黑龙滩水库、紫坪铺水库、三岔湖、双溪水库、沉抗水库、升钟水库、白龙湖、葫芦口水库水质为优。

瀑布沟水库、老鹰水库、鲁班水库水质为良好。

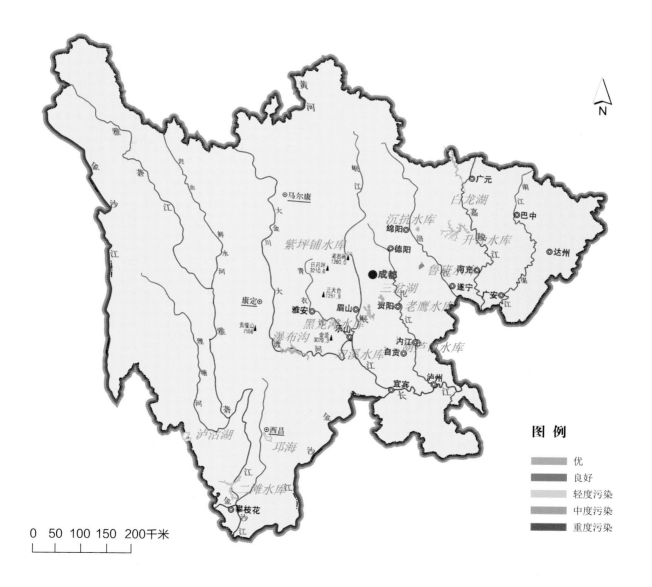

图 例

优
良好
轻度污染
中度污染
重度污染

2021年四川省重点湖库水质状况示意图

❯❯ 水环境质量状况
——湖库营养状况

邛海、泸沽湖、紫坪铺水库为贫营养。

二滩水库、黑龙滩水库、瀑布沟水库、老鹰水库、三岔湖、双溪水库、沉抗水库、鲁班水库、升钟水库、白龙湖、葫芦口水库为中营养。

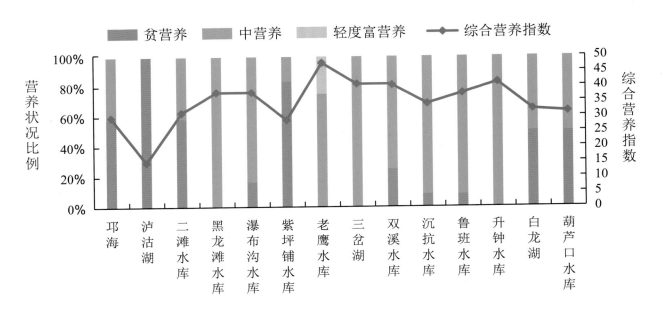

2021年四川省重点湖库营养状况示意图

水环境质量状况
——集中式饮用水水源地水质状况

全省268个县级及以上城市集中式饮用水水源地取水总量为398570.24万吨，达标水量为398570.24万吨，水质达标率为100%。

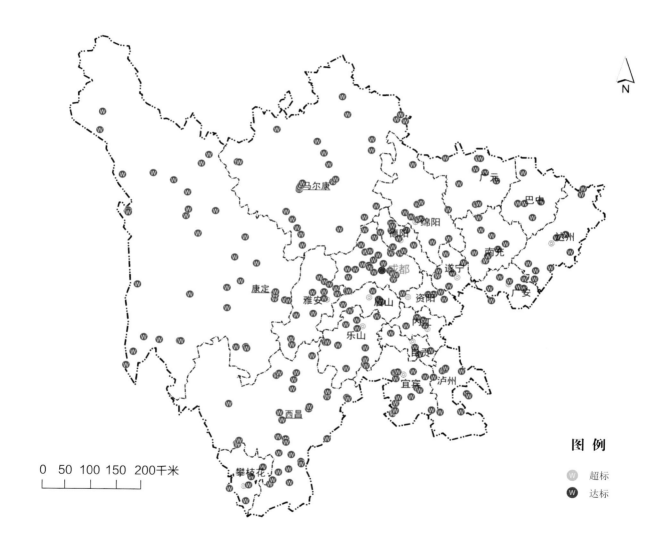

2021年四川省县级及以上城市集中式饮用水水源地水质状况示意图

环境空气质量状况
——环境空气质量概况

2021年，全省城市环境空气质量总体优良天数率为89.5%，其中优占44.5%，良占45.0%；总体污染天数率为10.5%，其中轻度污染为8.9%，中度污染为1.4%，重度污染为0.2%。

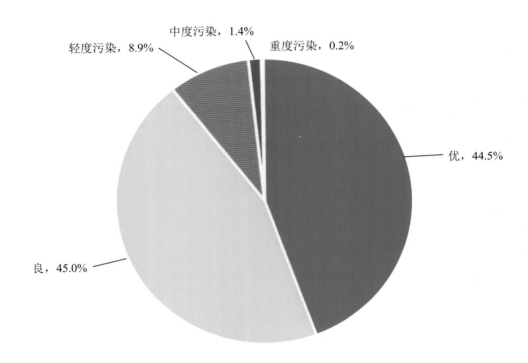

2021年四川省城市环境空气质量级别比例

环境空气质量状况
——二氧化硫浓度

全省21个市（州）政府所在城市二氧化硫（SO_2）年平均浓度为8微克/立方米，达到一级标准。

二氧化硫（SO_2）年平均浓度达到一级标准的有成都、自贡、泸州、德阳、绵阳、广元、遂宁、内江、乐山、南充、宜宾、广安、达州、巴中、雅安、眉山、资阳、马尔康、康定、西昌，共20个城市。

二氧化硫（SO_2）年平均浓度达到二级标准的城市有攀枝花。

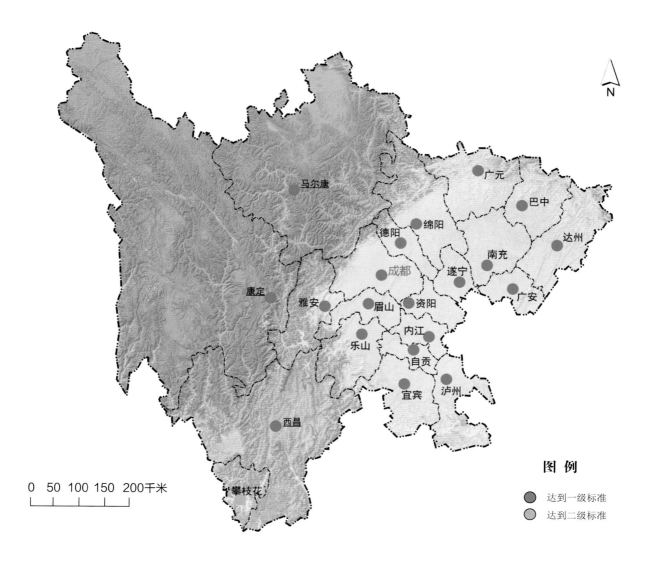

图 例

● 达到一级标准
● 达到二级标准

0 50 100 150 200千米

2021年二氧化硫年平均浓度分布示意图

❯❯ 环境空气质量状况
——二氧化氮浓度

全省21个市（州）政府所在城市二氧化氮（NO$_2$）年平均浓度为24微克/立方米，达到一级标准。

21个市（州）政府所在城市二氧化氮（NO$_2$）年平均浓度均达到一级标准。

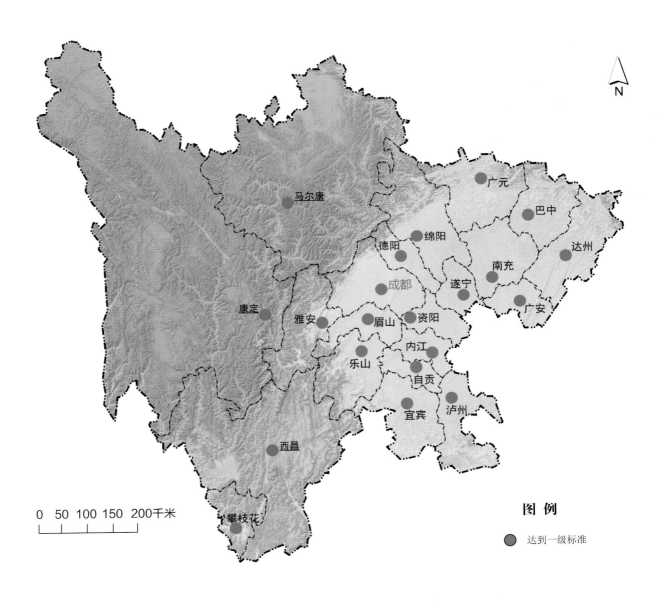

2021年二氧化氮年平均浓度分布示意图

环境空气质量状况
——颗粒物（PM$_{10}$）浓度

全省21个市（州）政府所在城市颗粒物（PM$_{10}$）年平均浓度为49微克/立方米，达到二级标准。

颗粒物（PM$_{10}$）年平均浓度达到一级标准的有雅安、马尔康、康定、西昌，共4个城市。

颗粒物（PM$_{10}$）年平均浓度达到二级标准的有成都、自贡、攀枝花、泸州、德阳、绵阳、广元、遂宁、内江、乐山、南充、宜宾、广安、达州、巴中、眉山、资阳，共17个城市。

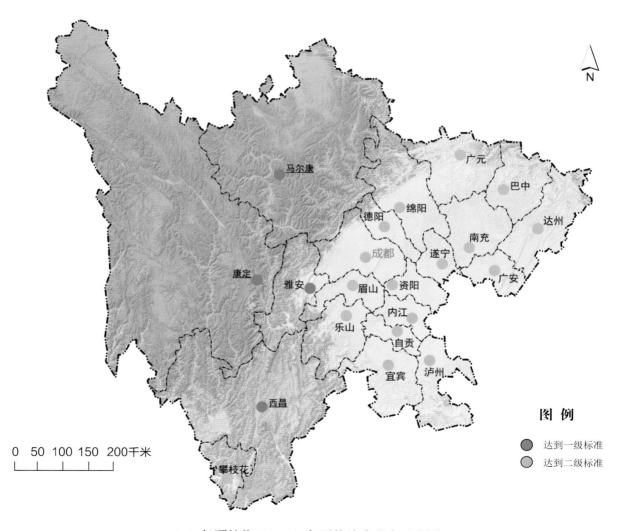

2021年颗粒物（PM$_{10}$）年平均浓度分布示意图

环境空气质量状况
——细颗粒物（PM₂.₅）浓度

全省21个市（州）政府所在城市细颗粒物（PM₂.₅）年平均浓度为32微克/立方米，达到二级标准。

细颗粒物（PM₂.₅）年平均浓度达到一级标准的城市有康定。

细颗粒物（PM₂.₅）年平均浓度达到二级标准的有攀枝花、绵阳、广元、遂宁、内江、广安、巴中、雅安、眉山、资阳、马尔康、西昌，共12个城市。

细颗粒物（PM₂.₅）年平均浓度超过二级标准的有成都、自贡、泸州、德阳、乐山、南充、宜宾、达州，共8个城市。

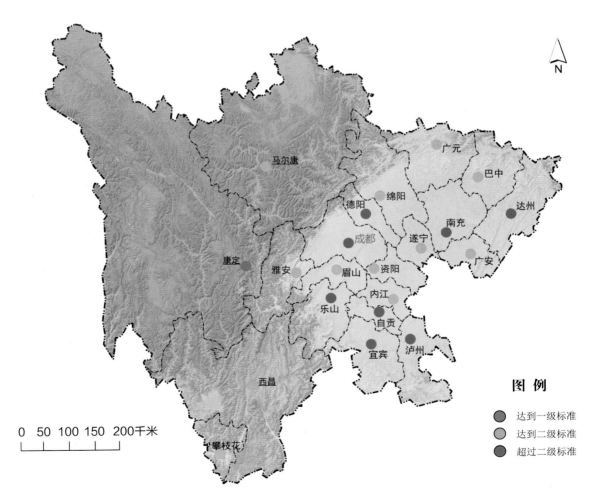

2021年细颗粒物（PM₂.₅）年平均浓度分布示意图

环境空气质量状况
——一氧化碳浓度

　　全省21个市（州）政府所在城市一氧化碳（CO）日平均第95百分位浓度为1.1毫克/立方米，达到一级标准。

　　21个市（州）政府所在城市一氧化碳（CO）日平均第95百分位浓度均达到一级标准。

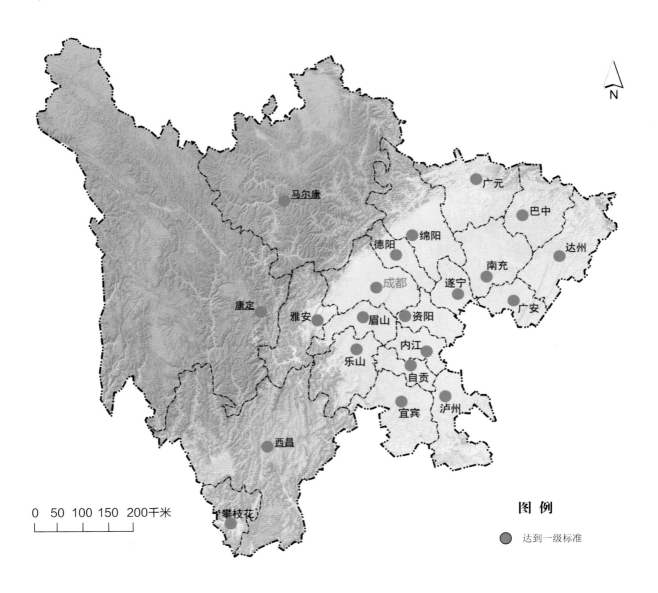

N

0 50 100 150 200千米

图 例

● 达到一级标准

2021年一氧化碳日平均第95百分位浓度分布示意图

环境空气质量状况
——臭氧浓度

全省21个市（州）政府所在城市臭氧（O₃）日最大八小时值第90百分位浓度为127微克/立方米，达到二级标准。

臭氧日最大八小时值第90百分位浓度达到一级标准的城市有达州、康定。

臭氧日最大八小时值第90百分位浓度达到二级标准的有成都、自贡、攀枝花、泸州、德阳、绵阳、广元、遂宁、内江、乐山、南充、宜宾、广安、巴中、雅安、眉山、资阳、马尔康、西昌，共19个城市。

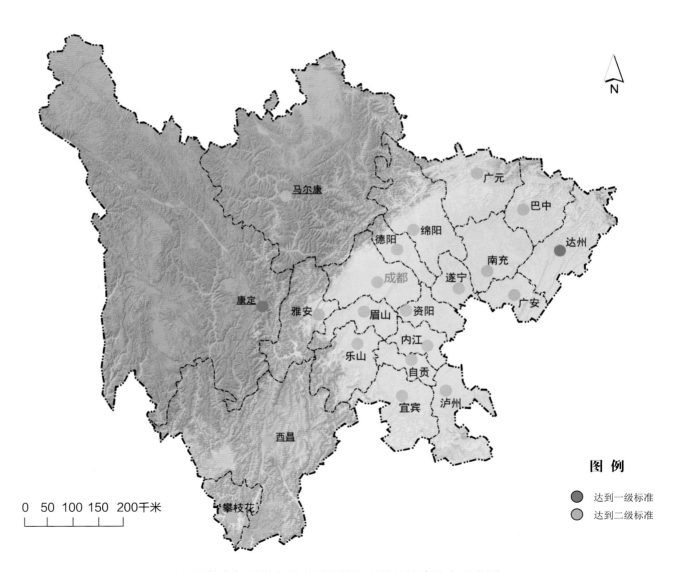

图　例

● 达到一级标准
● 达到二级标准

2021年臭氧日最大八小时值第90百分位浓度分布示意图

降水状况
——降水pH、酸雨频率

21个市（州）政府所在城市降水pH年均值为6.09。降水pH年均值小于5.6的酸雨城市有泸州、绵阳，均为轻酸雨城市，占9.5%。

21个市（州）政府所在城市中，有5个城市出现过酸雨，占23.8%。

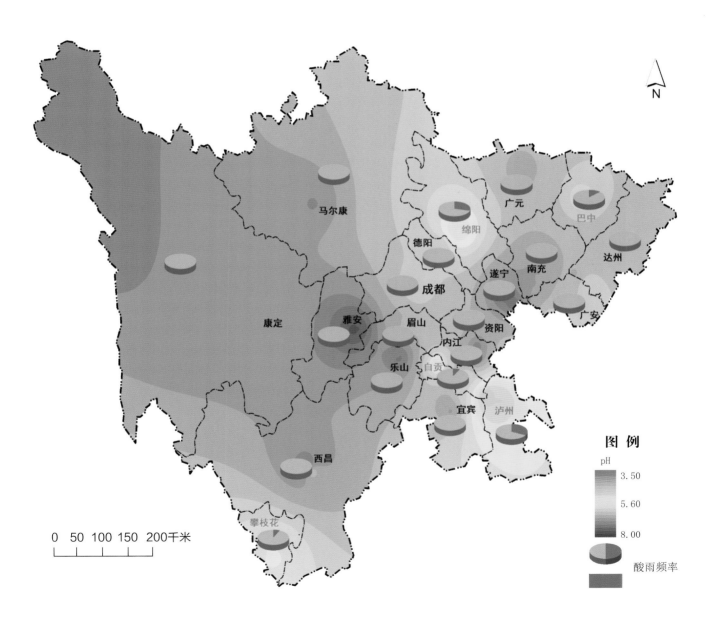

2021年酸雨区域分布示意图

❯❯ 声环境质量状况
——城市区域声环境质量

全省21个市（州）政府所在城市区域声环境昼间质量状况总体为"较好"。

21个城市中区域声环境昼间质量状况属于"较好"的有14个，占66.7%；属于"一般"的有7个，占33.3%。

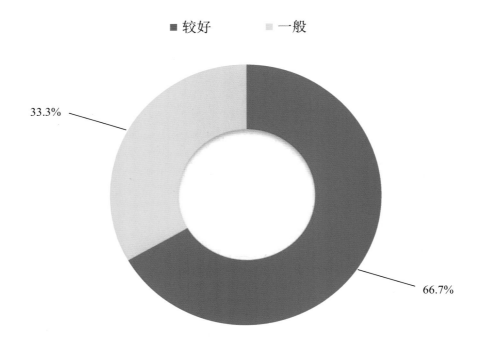

2021年城市区域声环境昼间质量状况

⊗ 声环境质量状况
——城市道路交通声环境质量

　　全省21个市（州）政府所在城市道路交通声环境昼间质量状况总体为"好"。

　　21个城市中道路交通声环境昼间质量状况属于"好"的有12个，占57.1%；道路交通声环境昼间质量状况属于"较好"的有7个，占33.3%；道路交通声环境昼间质量状况属于"一般"的有2个，占9.5%。

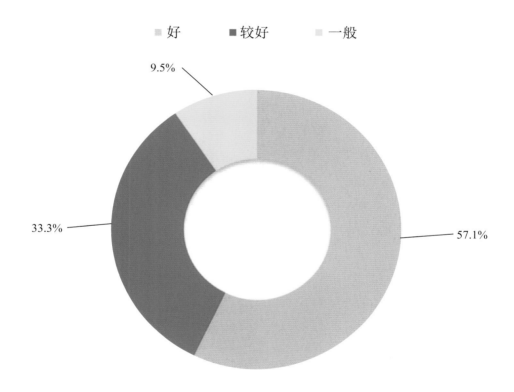

2021年城市道路交通声环境昼间质量状况

声环境质量状况
——城市功能区声环境质量

全省城市各类功能区噪声昼间达标率为96.8%，夜间达标率为83.1%。各类功能区昼间达标率均比夜间高，3类区昼间达标率最高，为99.0%；4类区夜间达标率最低，仅为57.7%。

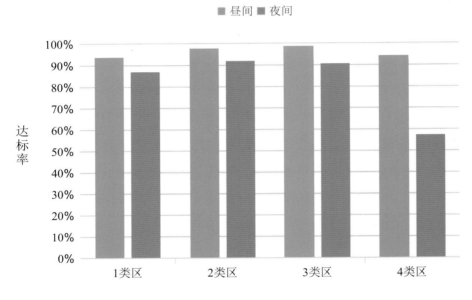

2021年城市各类功能区噪声监测点次达标率

◎ 生态环境状况

      全省生态环境状况指数为71.7，生态环境状况类型为"良"。全省21个市（州）生态环境状况为"优"的有4个，占全省总面积的21.5%，占市域数量的19.0%；生态环境状况为"良"的有17个，占全省总面积的78.5%，占市域数量的81.0%。

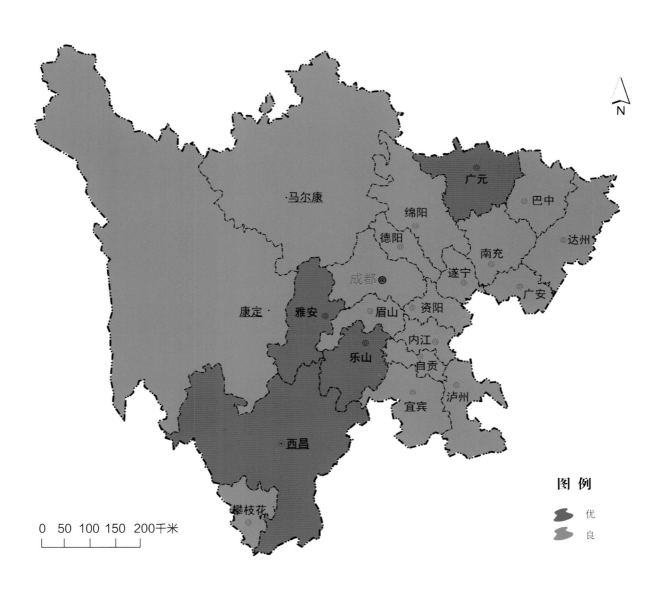

2021年生态环境状况分布示意图

二、21个市（州）生态环境质量状况

21GE SHI(ZHOU) SHENGTAI
HUANJING ZHILIANG ZHUANGKUANG

成都市生态环境质量状况

水环境 地表水总体水质为优。38个国、省控监测断面中，优良（Ⅱ～Ⅲ类）水质断面36个，占94.7%。阳化河的红日河大桥和环溪河的兰家桥断面为轻度污染。

紫坪铺水库、三岔湖水质为优。

城区（锦江区、青羊区、金牛区、武侯区、成华区）、龙泉驿区、青白江区、新都区、温江区、双流区、郫都区、新津区、金堂县、大邑县、蒲江县、都江堰市、彭州市、邛崃市、崇州市、简阳市集中式饮用水水源地水质达标率均为100%。

环境空气 优良天数率为81.9%，细颗粒物（PM$_{2.5}$）超标。

非酸雨城市，降水pH年均值为6.16。

声环境 区域声环境昼间质量状况为一般，道路交通声环境昼间质量状况为较好。功能区噪声昼间点次达标率为91.2%，夜间点次达标率为66.9%。

生态环境 生态环境质量为"良"。

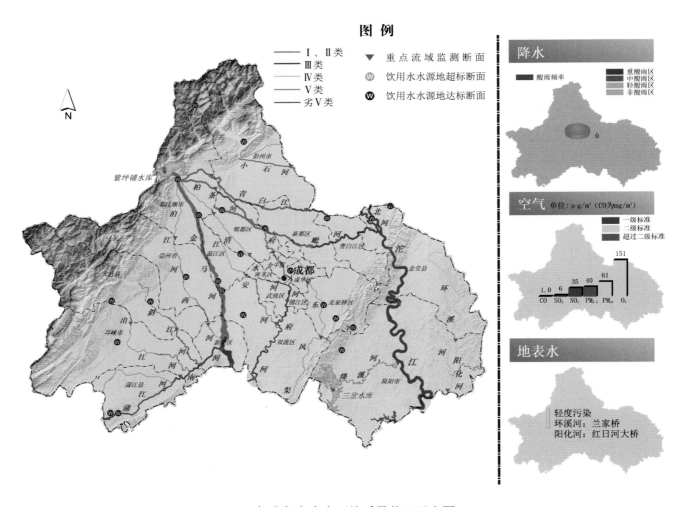

2021年成都市生态环境质量状况示意图

自贡市生态环境质量状况

水环境　地表水总体水质为优。10个国、省控监测断面中，优良（Ⅱ～Ⅲ类）水质断面9个，占90.0%。釜溪河的双河口断面为轻度污染。

双溪水库水质为优。

城区（自流井区、贡井区和大安区）、沿滩区、荣县和富顺县集中式饮用水水源地水质达标率均为100%。

环境空气　优良天数率为78.6%，细颗粒物（PM$_{2.5}$）超标。

非酸雨城市，降水pH年均值为5.73。

声环境　区域声环境和道路交通声环境昼间质量状况均为较好。功能区噪声昼间点次达标率为100%，夜间点次达标率为95.0%。

生态环境　生态环境质量为"良"。

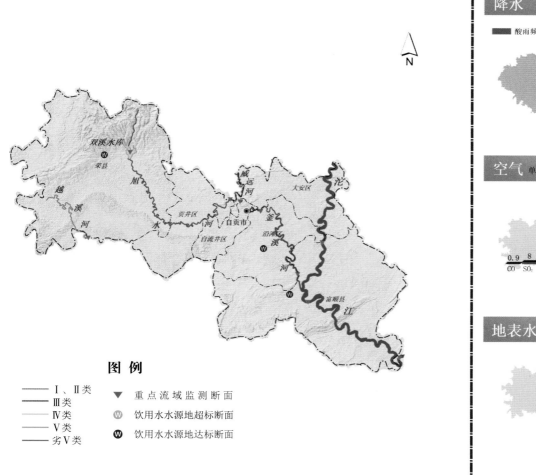

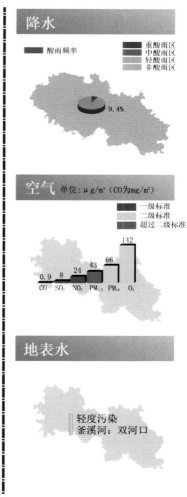

2021年自贡市生态环境质量状况示意图

攀枝花市生态环境质量状况

水环境　地表水总体水质为优。8个国、省控监测断面水质均为优（Ⅰ～Ⅱ类），占100%。
二滩水库水质为优。

城区（东区和西区）、仁和区、米易县、盐边县集中式饮用水水源地水质达标率均为100%。

环境空气　优良天数率为96.7%。

非酸雨城市，降水pH年均值为5.83。

声环境　区域声环境和道路交通声环境昼间质量状况分别为较好和一般。功能区噪声昼间点
次达标率为100%，夜间点次达标率为67.5%。

生态环境　生态环境质量为"良"。

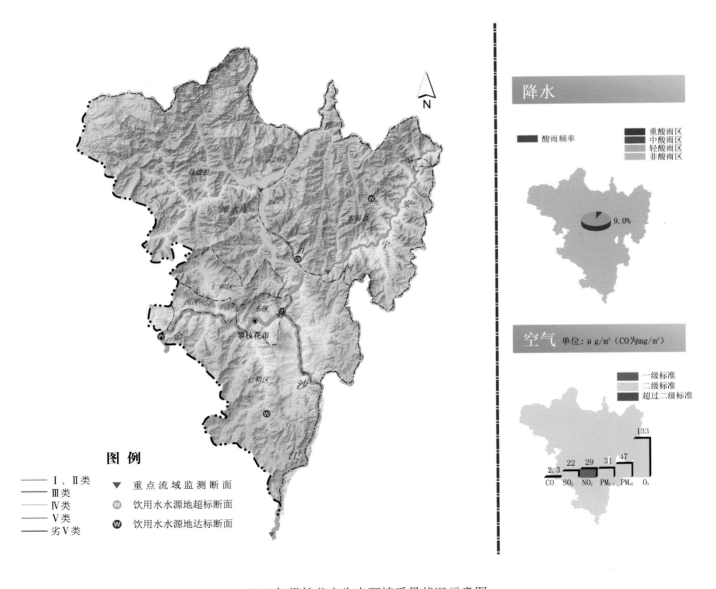

2021年攀枝花市生态环境质量状况示意图

泸州市生态环境质量状况

水环境 地表水总体水质为优。13个国、省控监测断面中，优良（Ⅱ~Ⅲ类）水质断面12个，占92.3%。大陆溪的四明水厂断面为轻度污染。

城区（江阳区、龙马潭区和泸县城区）、纳溪区、合江县、叙永县、古蔺县集中式饮用水水源地水质达标率均为100%。

环境空气 优良天数率为84.4%，细颗粒物（PM$_{2.5}$）超标。

轻酸雨城市，降水pH年均值为5.25。

声环境 区域声环境和道路交通声环境昼间质量状况均为较好。功能区噪声昼间点次达标率为96.7%，夜间点次达标率为78.3%。

生态环境 生态环境质量为"良"。

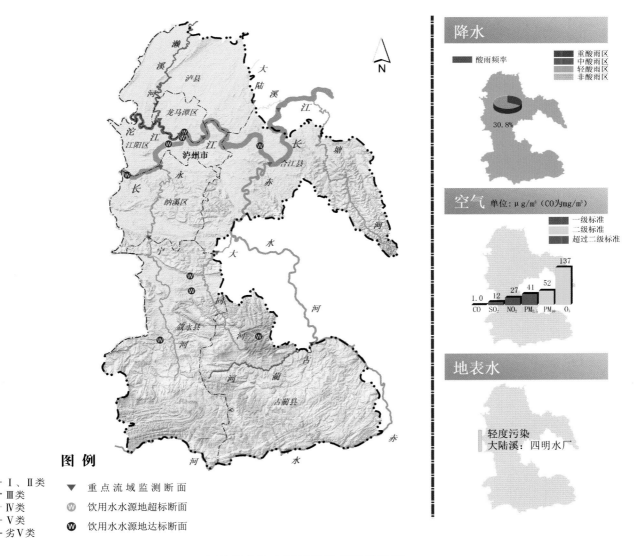

2021年泸州市生态环境质量状况示意图

德阳市生态环境质量状况

水环境　地表水总体水质为优。14个国、省控监测断面中，优良（Ⅰ～Ⅲ类）水质断面13个，占92.9%。富顺河的碾子湾村断面为轻度污染。

城区（旌阳区）、罗江区、中江县、广汉市、什邡市、绵竹市集中式饮用水水源地水质达标率均为100%。

环境空气　优良天数率为82.7%，细颗粒物（PM$_{2.5}$）超标。

非酸雨城市，降水pH年均值为6.34。

声环境　区域声环境和道路交通声环境昼间质量状况分别为较好和好。功能区噪声昼间点次达标率为92.5%，夜间点次达标率为85.0%。

生态环境　生态环境质量为"良"。

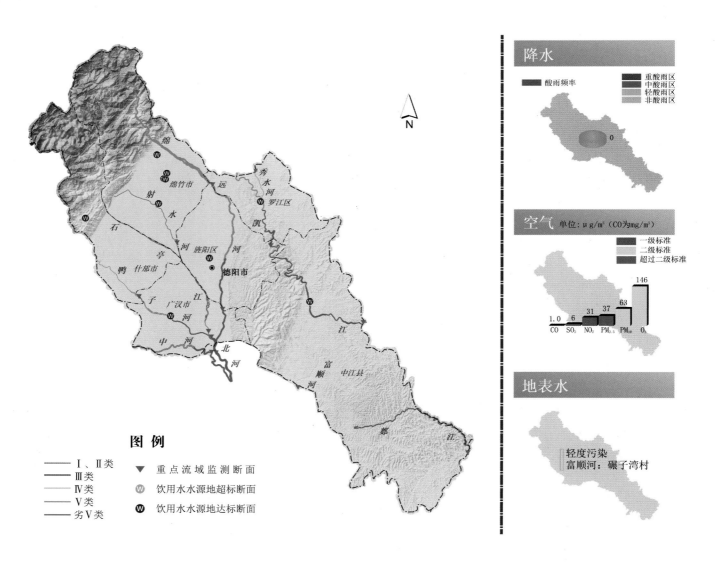

2021年德阳市生态环境质量状况示意图

绵阳市生态环境质量状况

水环境　地表水总体水质为优。20个国、省控监测断面水质均为优良（Ⅰ～Ⅲ类），占100%。

沉抗水库水质为优，鲁班水库水质为良好。

城区（涪城区和游仙区）、安州区、三台县、盐亭县、梓潼县、北川羌族自治县、平武县、江油市集中式饮用水水源地水质达标率均为100%。

环境空气　优良天数率为88.8%。

轻酸雨城市，降水pH年均值为5.46。

声环境　区域声环境和道路交通声环境昼间质量状况分别为一般和较好。功能区噪声昼间点次达标率为100%，夜间点次达标率为86.7%。

生态环境　生态环境质量为"良"。

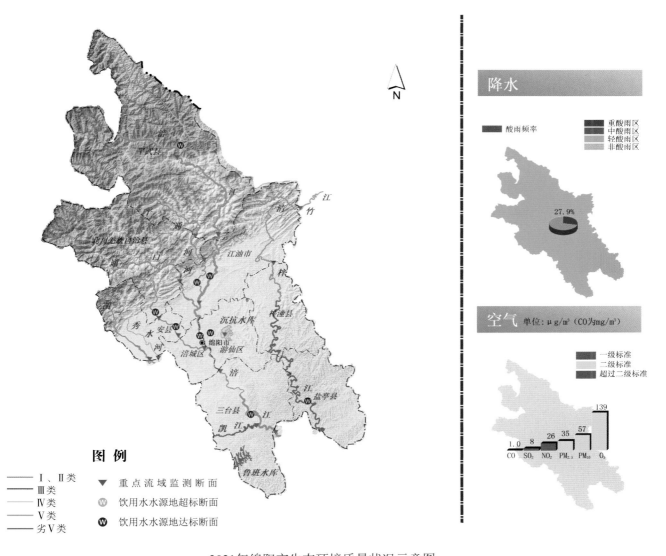

2021年绵阳市生态环境质量状况示意图

广元市生态环境质量状况

水环境　地表水总体水质为优。19个国、省控监测断面水质均为优（Ⅰ～Ⅱ类），占100%。白龙湖水质为优。

城区（利州区）、昭化区、朝天区、旺苍县、青川县、剑阁县、苍溪县集中式饮用水水源地水质达标率均为100%。

环境空气　优良天数率为96.2%。

非酸雨城市，降水pH年均值为6.55。

声环境　区域声环境和道路交通声环境昼间质量状况分别为一般和较好。功能区噪声昼间点次达标率为100%，夜间点次达标率为71.4%。

生态环境　生态环境质量为"优"。

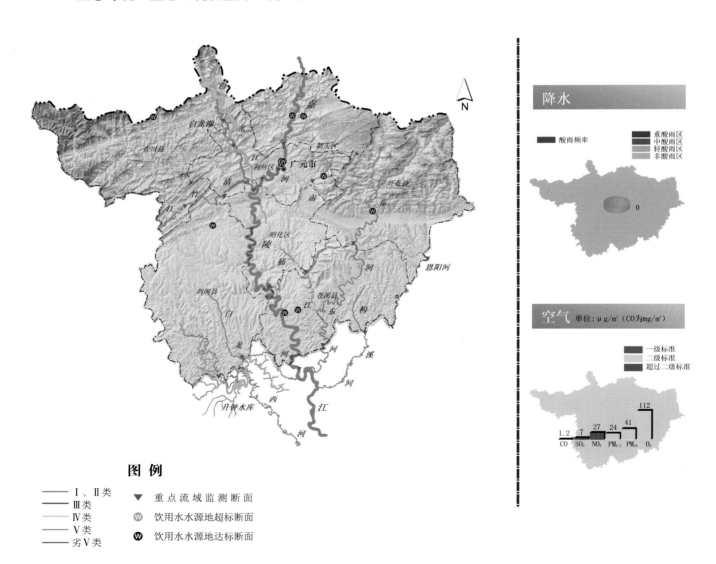

图 例

——Ⅰ、Ⅱ类　　　　▼　重点流域监测断面
——Ⅲ类　　　　　　Ⓦ　饮用水水源地超标断面
——Ⅳ类　　　　　　Ⓦ　饮用水水源地达标断面
——Ⅴ类
——劣Ⅴ类

2021年广元市生态环境质量状况示意图

遂宁市生态环境质量状况

水环境 地表水总体水质为良好。8个国、省控监测断面中，优良（Ⅱ～Ⅲ类）水质断面6个，占75.0%。芝溪河的涪山坝和坛罐窑河的白鹤桥断面为轻度污染。

城区（船山区）、安居区、蓬溪县、大英县、射洪市集中式饮用水水源地水质达标率均为100%。

环境空气 优良天数率为90.1%。

非酸雨城市，降水pH年均值为7.32。

声环境 区域声环境和道路交通声环境昼间质量状况分别为较好和好。功能区噪声昼间点次达标率为100%，夜间点次达标率为97.7%。

生态环境 生态环境质量为"良"。

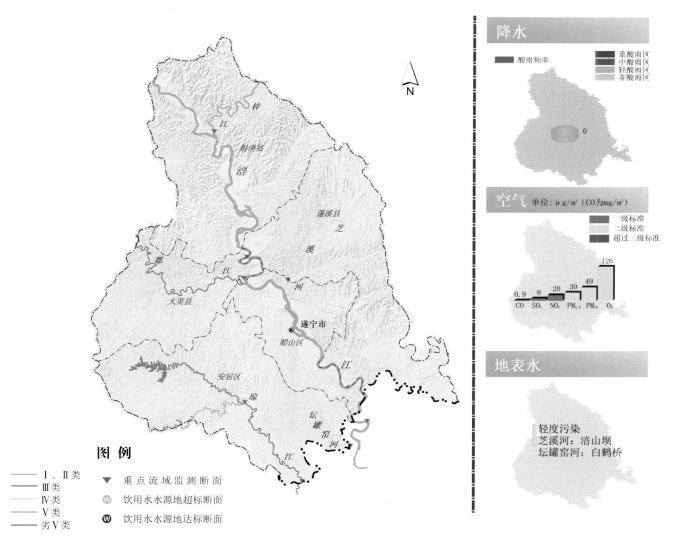

2021年遂宁市生态环境质量状况示意图

内江市生态环境质量状况

水环境　地表水总体水质为良好。12个国、省控监测断面中，优良（Ⅰ～Ⅲ类）水质断面9个，占75.0%。越溪河的于佳乡黄龙桥、釜溪河的双河口和隆昌河的九曲河断面为轻度污染。

葫芦口水库水质为优。

城区（市中区和东兴区）、威远县、资中县、隆昌市集中式饮用水水源地水质达标率均为100%。

环境空气　优良天数率为83.8%。

非酸雨城市，降水pH年均值为7.09。

声环境　区域声环境和道路交通声环境昼间质量状况分别为一般和好。功能区噪声昼间点次达标率为100%，夜间点次达标率为85.0%。

生态环境　生态环境质量为"良"。

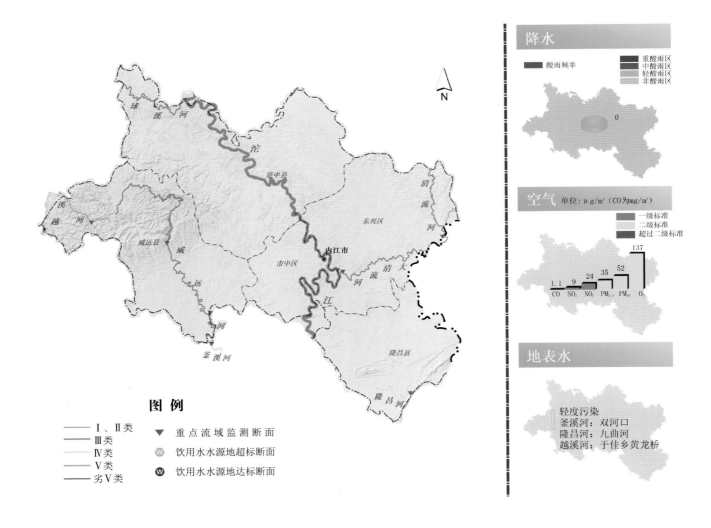

2021年内江市生态环境质量状况示意图

乐山市生态环境质量状况

水环境 地表水总体水质为优。14个国、省控监测断面中，优良（Ⅱ～Ⅲ类）水质断面13个，占92.9%。茫溪河的茫溪大桥断面为轻度污染。

城区（市中区和沙湾区）、五通桥区、金口河区、犍为县、井研县、夹江县、沐川县、峨边彝族自治县、马边彝族自治县、峨眉山市集中式饮用水水源地水质达标率均为100%。

环境空气 优良天数率为86.0%，细颗粒物（PM$_{2.5}$）超标。

非酸雨城市，降水pH年均值为7.12。

声环境 区域声环境和道路交通声环境昼间质量状况分别为一般和好。功能区噪声昼间点次达标率为96.4%，夜间点次达标率为75.0%。

生态环境 生态环境质量为"优"。

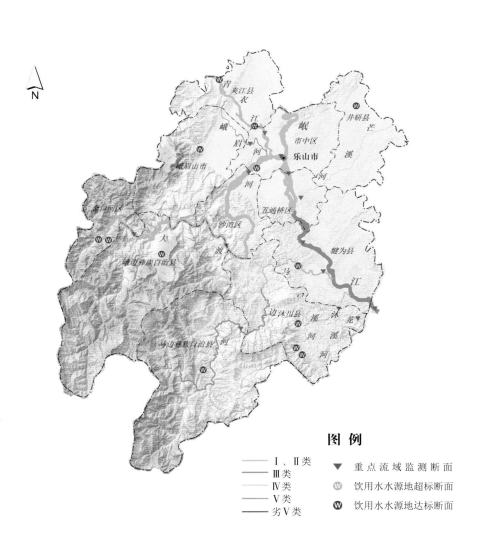

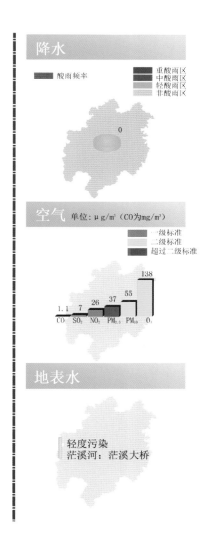

图 例

———— Ⅰ、Ⅱ类　　▼ 重点流域监测断面

———— Ⅲ类　　⊗ 饮用水水源地超标断面

———— Ⅳ类　　Ⓦ 饮用水水源地达标断面

———— Ⅴ类

———— 劣Ⅴ类

2021年乐山市生态环境质量状况示意图

南充市生态环境质量状况

水环境　地表水总体水质为优。12个国、省控监测断面水质均为优良（Ⅱ～Ⅲ类），占100%。

升钟水库水质为优。

城区（顺庆区、高坪区、嘉陵区）、南部县、营山县、蓬安县、仪陇县、西充县、阆中市集中式饮用水水源地水质达标率均为100%。

环境空气　优良天数率为92.1%，细颗粒物（PM$_{2.5}$）超标。

非酸雨城市，降水pH年均值为6.72。

声环境　区域声环境和道路交通声环境昼间质量状况分别为一般和好。功能区噪声昼间点次达标率为93.3%，夜间点次达标率为78.3%。

生态环境　生态环境质量为"良"。

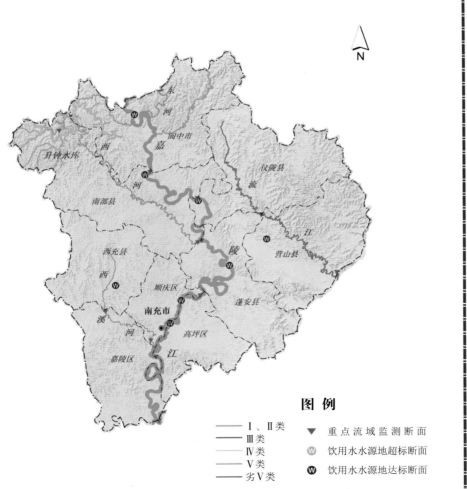

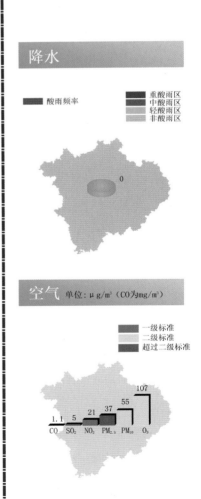

2021年南充市生态环境质量状况示意图

宜宾市生态环境质量状况

水环境 地表水总体水质为优。22个国、省控监测断面水质均为优良（Ⅰ～Ⅲ类），占100%。

城区（翠屏区）、南溪区、叙州区、江安县、长宁县、高县、珙县、筠连县、兴文县、屏山县集中式饮用水水源地水质达标率均为100%。

环境空气 优良天数率为80.5%，细颗粒物（PM$_{2.5}$）超标。

非酸雨城市，降水pH年均值为6.70。

声环境 区域声环境和道路交通声环境昼间质量状况分别为较好和好。功能区噪声昼间点次达标率为92.2%，夜间点次达标率为85.9%。

生态环境 生态环境质量为"良"。

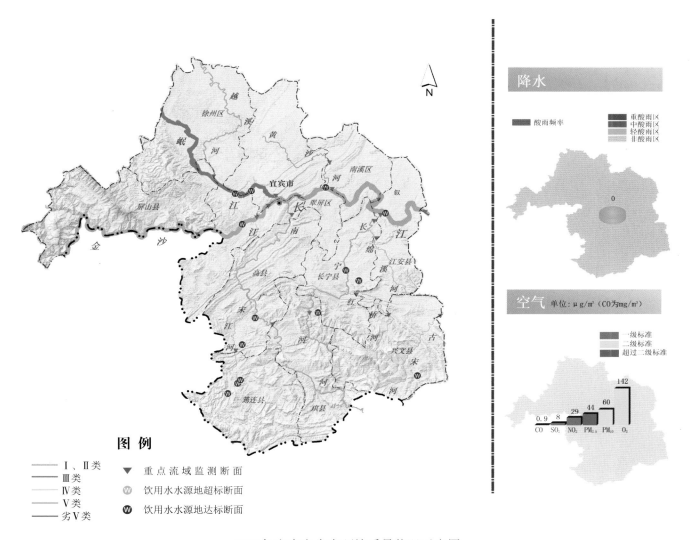

图 例

—— Ⅰ、Ⅱ类
—— Ⅲ类
—— Ⅳ类
—— Ⅴ类
—— 劣Ⅴ类

▼ 重点流域监测断面
Ⓦ 饮用水水源地超标断面
Ⓦ 饮用水水源地达标断面

2021年宜宾市生态环境质量状况示意图

广安市生态环境质量状况

水环境　地表水总体水质为优。10个国、省控监测断面中，优良（Ⅱ～Ⅲ类）水质断面9个，占90.0%。长滩寺河的郭家坝断面为轻度污染。

城区（广安区）、前锋区、岳池县、武胜县、邻水县、华蓥市集中式饮用水水源地水质达标率均为100%。

环境空气　优良天数率为87.7%。

非酸雨城市，降水pH年均值为6.12。

声环境　区域声环境和道路交通声环境昼间质量状况分别为较好和好。功能区噪声昼间点次达标率为100%，夜间点次达标率为100%。

生态环境　生态环境质量为"良"。

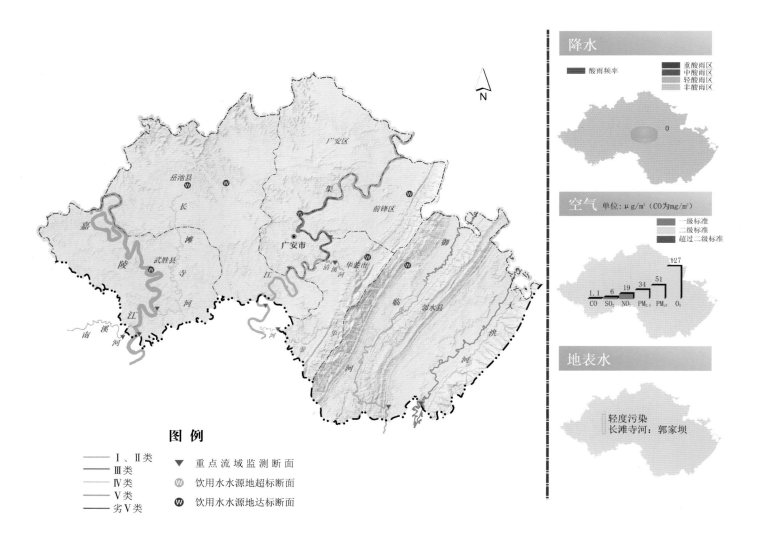

2021年广安市生态环境质量状况示意图

达州市生态环境质量状况

水环境　地表水总体水质为良好。23个国、省控监测断面中，优良（Ⅱ～Ⅲ类）水质断面20个，占87.0%。新宁河的大石堡平桥、平滩河的牛角滩和东柳河的墩子河断面为轻度污染。

城区（通川区）、达川区、宣汉县、开江县、大竹县、渠县、万源市集中式饮用水水源地水质达标率均为100%。

环境空气　优良天数率为88.8%，细颗粒物（$PM_{2.5}$）超标。

非酸雨城市，降水pH年均值为6.17。

声环境　区域声环境和道路交通声环境昼间质量状况均为较好。功能区噪声昼间点次达标率为100%，夜间点次达标率为81.7%。

生态环境　生态环境质量为"良"。

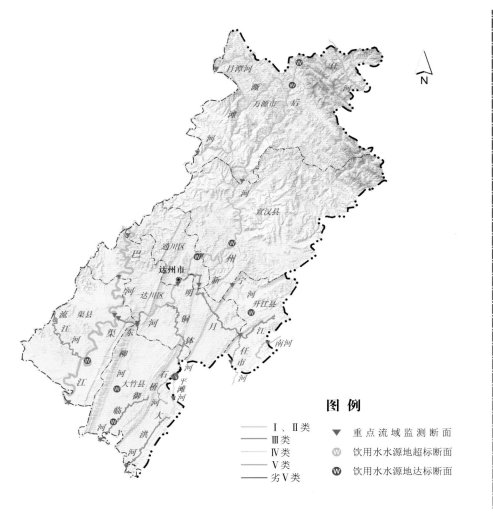

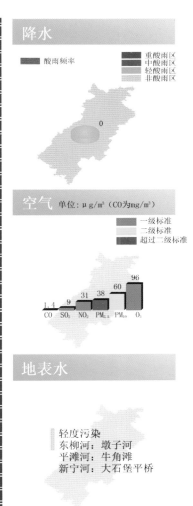

2021年达州市生态环境质量状况示意图

雅安市生态环境质量状况

水环境　地表水总体水质为优。10个国、省控监测断面水质均为优良（Ⅰ～Ⅲ类），占100%。

瀑布沟水库水质为良好。

城区（雨城区）、名山区、荥经县、汉源县、石棉县、天全县、芦山县、宝兴县集中式饮用水水源地水质达标率均为100%。

环境空气　优良天数率为93.2%。

非酸雨城市，降水pH年均值为7.58。

声环境　区域声环境和道路交通声环境昼间质量状况分别为较好和好。功能区噪声昼间点次达标率为100%，夜间点次达标率为100%。

生态环境　生态环境质量为"优"。

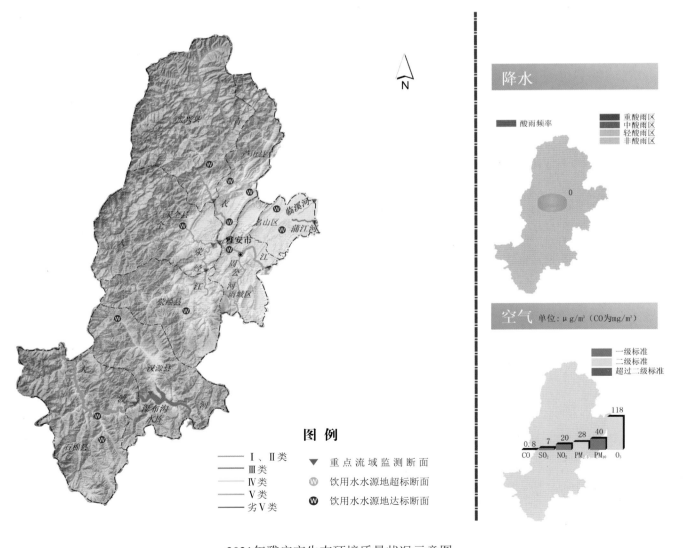

2021年雅安市生态环境质量状况示意图

巴中市生态环境质量状况

水环境　地表水总体水质为优。10个国、省控监测断面水质均为优良（Ⅱ～Ⅲ类），占100%。

城区（巴州区）、恩阳区、通江县、南江县、平昌县集中式饮用水水源地水质达标率均为100%。

环境空气　优良天数率为95.6%。

非酸雨城市，降水pH年均值为6.03。

声环境　区域声环境和道路交通声环境昼间质量状况均为一般。功能区噪声昼间点次达标率为100%，夜间点次达标率为100%。

生态环境　生态环境质量为"良"。

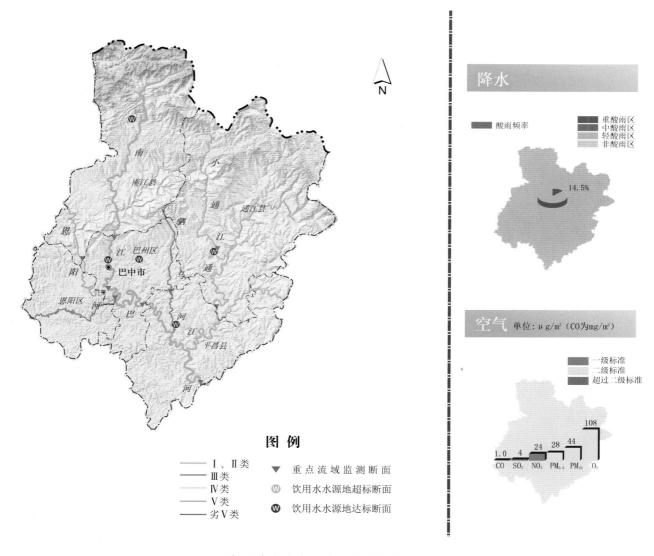

2021年巴中市生态环境质量状况示意图

眉山市生态环境质量状况

水环境　地表水总体水质为良好。15个国、省控监测断面中，优良（Ⅱ～Ⅲ类）水质断面13个，占86.7%。体泉河的体泉河口和越溪河的于佳乡黄龙桥断面为轻度污染。

黑龙滩水库水质为优。

城区（东坡区）、彭山区、仁寿县、洪雅县、丹棱县、青神县集中式饮用水水源地水质达标率均为100%。

环境空气　优良天数率为85.2%。

非酸雨城市，降水pH年均值为6.46。

声环境　区域声环境和道路交通声环境昼间质量状况分别为较好和好。功能区噪声昼间点次达标率为100%，夜间点次达标率为75.0%。

生态环境　生态环境质量为"良"。

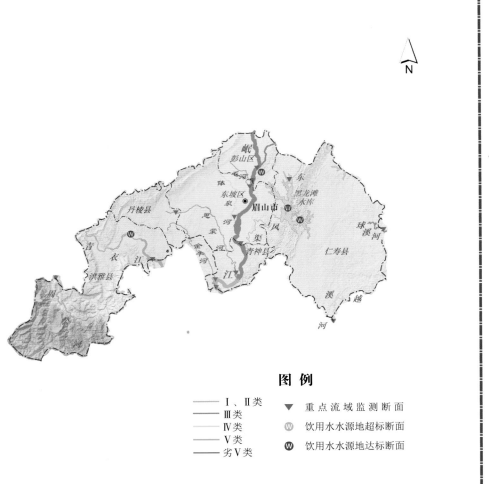

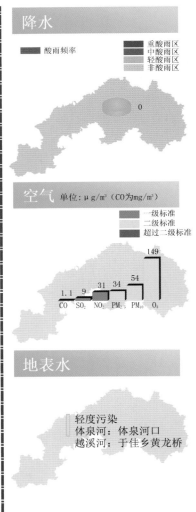

2021年眉山市生态环境质量状况示意图

资阳市生态环境质量状况

水环境　地表水总体水质为良好。17个国、省控监测断面中，良好（Ⅲ类）水质断面14个，占82.4%。小阳化河的万安桥、小濛溪河的资安桥、姚市河的白沙断面为轻度污染。

老鹰水库水质为良好。

城区（雁江区）、安岳县、乐至县集中式饮用水水源地水质达标率均为100%。

环境空气　优良天数率为88.8%。

非酸雨城市，降水pH年均值为6.49。

声环境　区域声环境和道路交通声环境昼间质量状况均为较好。功能区噪声昼间点次达标率为90.0%，夜间点次达标率为95.0%。

生态环境　生态环境质量为"良"。

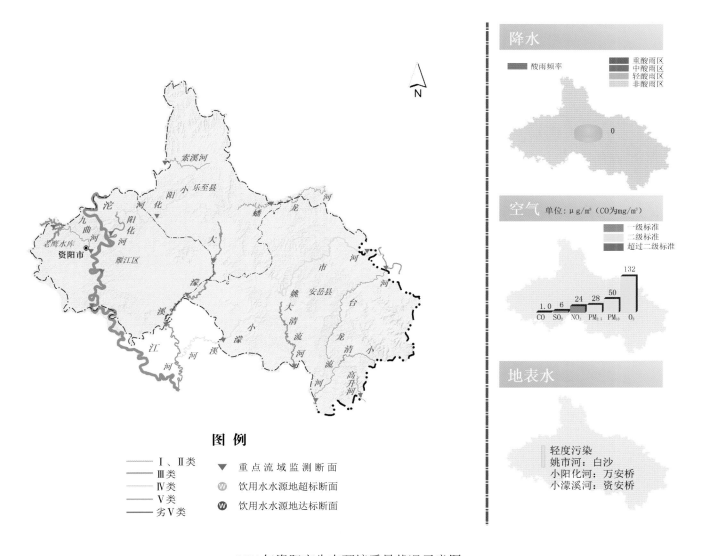

2021年资阳市生态环境质量状况示意图

阿坝州生态环境质量状况

水环境　地表水总体水质为优。28个国、省控监测断面水质均为优良（Ⅰ～Ⅲ类），占100%。

马尔康市、汶川县、理县、茂县、松潘县、九寨沟县、金川县、小金县、黑水县、壤塘县、阿坝县、若尔盖县、红原县集中式饮用水水源地水质达标率均为100%。

环境空气　优良天数率为100%。

非酸雨城市，降水pH年均值为6.94。

声环境　区域声环境和道路交通声环境昼间质量状况分别为较好和好。功能区噪声昼间点次达标率为100%，夜间点次达标率为95.8%。

生态环境　生态环境质量为"良"。

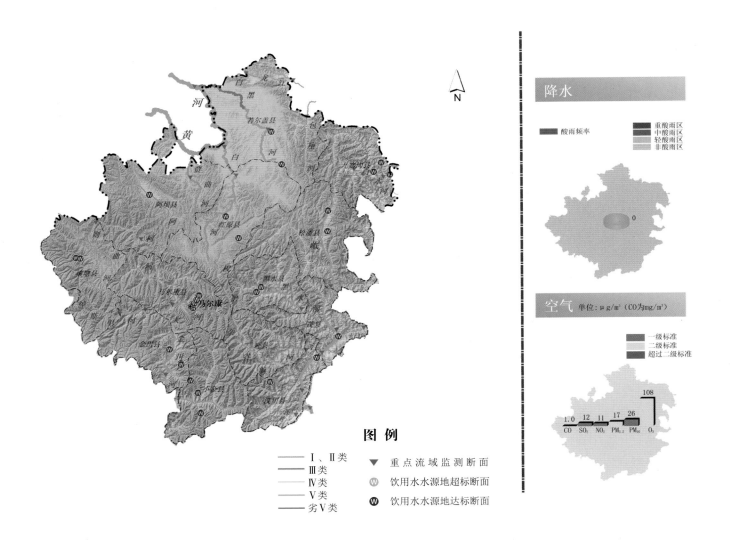

2021年阿坝州生态环境质量状况示意图

甘孜州生态环境质量状况

水环境　地表水总体水质为优。20个国、省控监测断面水质均为优（Ⅰ～Ⅱ类），占100%。

康定市、泸定县、丹巴县、九龙县、雅江县、道孚县、炉霍县、甘孜县、新龙县、德格县、白玉县、石渠县、色达县、理塘县、巴塘县、乡城县、稻城县、得荣县集中式饮用水水源地水质达标率均为100%。

环境空气　优良天数率为100%。

非酸雨城市，降水pH年均值为6.78。

声环境　区域声环境和道路交通声环境昼间质量状况分别为较好和好。功能区噪声昼间点次达标率为100%，夜间点次达标率为100%。

生态环境　生态环境质量为"良"。

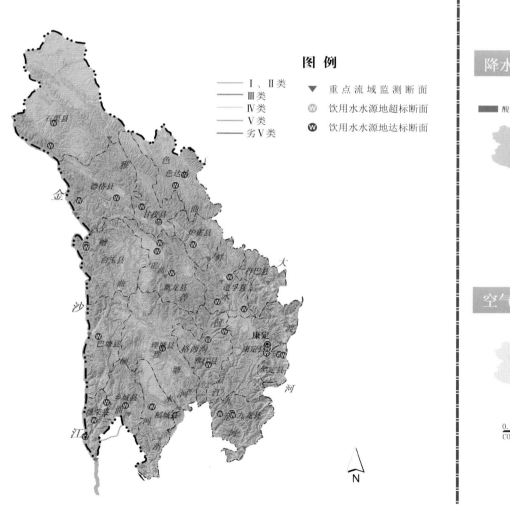

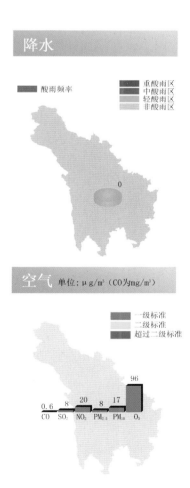

2021年甘孜州生态环境质量状况示意图

凉山州生态环境质量状况

水环境　地表水总体水质为优。24个国、省控监测断面水质均为优良（Ⅰ~Ⅲ类），占100%。

邛海、泸沽湖水质为优。

西昌市、会理市、木里藏族自治县、盐源县、德昌县、会东县、宁南县、普格县、布拖县、金阳县、昭觉县、喜德县、冕宁县、越西县、甘洛县、美姑县、雷波县集中式饮用水水源地水质达标率均为100%。

环境空气　优良天数率为98.6%。

非酸雨城市，降水pH年均值为6.62。

声环境　区域声环境和道路交通声环境昼间质量状况分别为较好和好。功能区噪声昼间点次达标率为100%，夜间点次达标率为100%。

生态环境　生态环境质量为"优"。

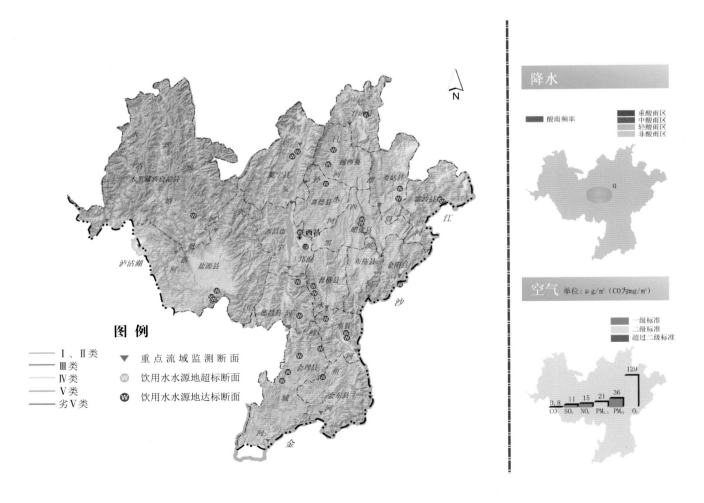

2021年凉山州生态环境质量状况示意图